百姓百味

健康蔬果汁

甘智荣◎主编

黑龙江科学技术出版社
HEILONGJIANG SCIENCE AND TECHNOLOGY PRESS

图书在版编目（CIP）数据

健康蔬果汁 / 甘智荣主编. -- 哈尔滨 : 黑龙江科学技术出版社, 2018.3
（百姓百味）
ISBN 978-7-5388-9511-7

Ⅰ.①健… Ⅱ.①甘… Ⅲ.①蔬菜－饮料－制作②果汁饮料－制作 Ⅳ.①TS275.5

中国版本图书馆CIP数据核字(2018)第014880号

健康蔬果汁

JIANKANG SHUGUO ZHI

主　　编　甘智荣
责任编辑　侯文妍
摄影摄像　深圳市金版文化发展股份有限公司
策划编辑　深圳市金版文化发展股份有限公司
封面设计　深圳市金版文化发展股份有限公司
出　　版　黑龙江科学技术出版社
　　　　　地址：哈尔滨市南岗区公安街70-2号　邮编：150007
　　　　　电话：（0451）53642106　传真：（0451）53642143
　　　　　网址：www.lkcbs.cn
发　　行　全国新华书店
印　　刷　深圳市雅佳图印刷有限公司
开　　本　685 mm×920 mm　1/16
印　　张　13
字　　数　160千字
版　　次　2018年3月第1版
印　　次　2018年3月第1次印刷
书　　号　ISBN 978-7-5388-9511-7
定　　价　39.80元

目录 Contents

Chapter 1

轻松自制蔬果汁

Contents

Chapter 2
美颜健康蔬果汁

Chapter 3
活力健康蔬果汁

Chapter 4

食疗健康蔬果汁

轻松自制蔬果汁

Chapter 1

蔬果汁中有哪些营养成分

常见的水果蔬菜，随意搭配组合就能组成口味和营养成分不同的蔬果汁，口感绝佳，安全营养。那么蔬果汁中究竟含有哪些与我们健康息息相关的重要成分呢?

「维生素」

蔬菜水果中含有丰富的维生素，特别是维生素C、维生素A、维生素E。

新鲜的蔬菜和水果是维生素C的主要食物来源。维生素C的主要功能是促进骨胶原的生物合成，利于组织创伤口的更快愈合；促进氨基酸中酪氨酸和色氨酸的代谢，延长机体寿命；改善铁、钙和叶酸的利用；改善脂肪和类脂特别是胆固醇的代谢，预防心血管病；促进牙齿和骨骼的生长，防止牙床出血；增强机体对外界环境的抗应激能力和免疫力；防癌抗癌。

维生素A能维持正常的视觉功能；维护上皮组织细胞的健康和促进免疫球蛋白的合成；维持骨骼正常的生长发育；促进生长与生殖；抑制肿瘤的生长；在化妆品中用作营养成分添加剂，能防止皮肤粗糙。蔬菜水果中富含的胡萝卜素在人体内能够转换成维生素A，满足人体对维生素A的需求。

维生素E能促进生殖功能。它能促进性激素分泌，使女子雌性激素浓度增高，提高生育能力，预防流产，使男子精子活力和数量增加；还能保护T淋巴细胞，保护红细胞，抗自由基氧化，抑制血小板聚集从而降低心肌梗死和脑梗死的发生率；对烧伤、冻伤、毛细血管出血、更年期综合征等方面有很好的疗效；还可抑制眼睛晶状体内的过氧化反应，使末梢血管扩张，改善血液循环。

「矿物质」

矿物质在体内不能自行合成，必须由外界环境供给。其在人体组织的生理作用中发挥重要功能，是构成机体组织的重要原料，如钙、磷、镁是构成骨骼、牙齿的主要原料；同时，矿物质也是维持机体酸碱平衡和正常渗透压的必要条件。人体内有些特殊的生理物质如血液中的血红蛋白、甲状腺素等需要铁、碘的参与才能合成。在人体的新陈代谢过程中，每天都有一定的矿物质通过粪便、尿液、汗液、头发等途径排出体外，因此必须通过饮食补充。蔬菜水果就是人体必需的钙、铁、锌、硒、镁、碘、钠、钾等矿物质的重要来源。

通常蔬菜水果中含有的草酸会影响钙和铁的吸收，所以要搭配动物性食物来补充钙、铁等矿物质。钠、钾具有维持细胞体液渗透压的作用，在大量出汗后，适宜饮用一杯蔬果汁，以补充随汗液丢失的钠等矿物质元素。绿叶蔬菜中含有丰富的铁和钙；樱桃、豌豆、芹菜等含钙、铁较多；菠菜、香蕉、葡萄等是镁的最佳食物来源；海带、紫菜、玉米、大白菜都是高碘蔬菜；香蕉、葡萄、西瓜、草莓、芹菜、萝卜、南瓜是钾的最佳食物来源。

「膳食纤维」

膳食纤维是存在于植物体中，不能被人体胃肠道消化，且不被吸收利用的成分。它包括多糖、木质素，在蔬菜和水果中含量较多。多食用蔬果汁，能保证膳食纤维的摄入，从而保持消化系统健康；增强免疫力；降低胆固醇和高血压；降低胰岛素和三酰甘油；通便、清肠健胃；预防心血管疾病、糖尿病以及其他疾病。

「植物化学物」

植物化学物是指植物中含有的活跃且具有保健功能的物质，被誉为“植物给予人类的礼物”，有叶绿素（绿色蔬菜）、番茄红素（西红柿）、花青苷（浆果类）、生姜酚（生姜）、黄体素（猕猴桃）、β-隐黄素（橘子和番木瓜）、儿茶素（柿子）等。大部分的植物化学物质都有良好的抗氧化作用，能防止活性氧和自由基的产生，去除人体内的废物，延缓衰老，预防癌症。

榨汁常用的水果和蔬菜

日常生活中我们常常见到、吃到的水果蔬菜，究竟有什么营养，适合什么人群食用，一天吃多少合适，怎样挑选和保存呢？下面就请进入蔬果的世界，再次了解下常常被用来制作蔬果汁的那些水果和蔬菜吧。

苹果

适用量：每天1~2个。

• 性味
性凉，味甘、微酸。

• 归经
归脾、肺经。

【营养成分】富含糖类、蛋白质、脂肪、苹果酸、维生素等。
【适宜人群】慢性胃炎、神经性结肠炎、便秘、癌症、贫血患者。
【不宜人群】胃寒者、糖尿病患者。
【选购技巧】以个头适中、果皮光洁、颜色艳丽的为佳。

香蕉

适用量：每天1~2根。

• 性味
性寒，味甘。

• 归经
归脾、胃经。

【营养成分】含有蛋白质、果胶、钙等营养成分。
【适宜人群】减肥者、发热者、口干烦渴者、癌症病人和中毒性消化不良者。
【不宜人群】慢性肠炎、虚寒腹泻、经常大便溏薄、急性风寒感冒咳嗽、糖尿病患者，胃酸过多者。
【选购技巧】以果品颜色黄黑泛红、稍带黑斑、表皮有皱纹的最佳。

适用量：每天1个。

- 性味

性寒，味甘、微酸。

- 归经

归肺、胃经。

【营养成分】含有蛋白质、脂肪、糖类、铁、胡萝卜素、维生素C等。
【适宜人群】咽喉发痒干痛、音哑者。
【不宜人群】脾虚便溏、慢性肠炎、胃寒病以及糖尿病患者和产妇。
【选购技巧】以果粒完整、无虫害、无压伤、坚实为佳。

桃子

适用量：每次1~2个。

- 性味

性温，味甘、酸。

- 归经

归肝、大肠经。

【营养成分】富含蛋白质、脂肪、糖、钙、磷等。
【适宜人群】低血糖、低血钾和缺铁性贫血者，肺病、肝病、水肿患者。
【不宜人群】内热生疮、毛囊炎、痈疖者和面部痤疮、糖尿病患者。
【选购技巧】以外表颜色发白、斑点较多、大小适中、表面的桃毛略扎手的为佳。

葡萄

适用量：每天100克。

- 性味

性平，味甘、微酸。

- 归经

归肺、脾、肾经。

【营养成分】含有蛋白质、脂肪、糖类、维生素等。
【适宜人群】冠心病、脂肪肝、癌症、肾炎、贫血、四肢疼痛患者。
【不宜人群】糖尿病、便秘、阴虚内热、津液不足者，脾胃虚寒者。
【选购技巧】挑选葡萄要注意外观的新鲜度，果穗大小合适且整齐排列，葡萄的梗部新鲜牢固，果粒饱满，表皮有白霜者品质为好。

西瓜

适用量：每日200克。

● 性味
性寒，味甘。

● 归经
归心、胃、膀胱经。

【营养成分】糖、蛋白质、维生素C、钙、铁等。
【适宜人群】慢性肾炎、高血压、黄疸肝炎、胆囊炎、膀胱炎、发热患者。
【不宜人群】慢性肠炎、胃炎、胃及十二指肠溃疡、糖尿病患者。
【选购技巧】以瓜皮表面光滑、花纹清晰，用手指弹可听到“嘭嘭”声为佳。

橘子

适用量：每次1~2个。

● 性味
性平，味甘、酸。

● 归经
归肺、胃经。

【营养成分】含有蛋白质、胡萝卜素、维生素、果糖、苹果酸等营养成分。
【适宜人群】老年心血管病、慢性支气管炎患者。
【不宜人群】风寒咳嗽、多痰、糖尿病、食欲不振、大便秘结者。
【选购技巧】以表面平滑光亮、皮薄、果实较成熟、果蒂无干枯的褶皱者为佳。

橙子

适用量：每天1~2个。

● 性味
性凉，味酸。

● 归经
归肺经。

【营养成分】含丰富的果胶、蛋白质、钙、磷、铁及B族维生素、维生素C等成分。
【适宜人群】胸膈满闷、瘿瘤之人及饮酒者。
【不宜人群】糖尿病患者。
【选购技巧】以果实饱满、有弹性、着色均匀、能散发出香气者为佳。

猕猴桃

适用量：每天1个。

• 性味
性寒，味甘、酸。

• 归经
归胃、膀胱经。

【营养成分】蛋白质、水分、脂肪、膳食纤维等。
【适宜人群】胃癌、肺癌、乳腺癌、高血压、黄疸肝炎、尿道结石患者。
【不宜人群】脾胃虚寒、腹泻便溏、糖尿病患者，先兆性流产者。
【选购技巧】以果实饱满、绒毛尚未脱落的为佳。过于软的果实不要买。

西红柿

适用量：每次约200克。

• 性味
性凉，味甘、酸。

• 归经
归肝、胃、肺经。

【营养成分】富含有机碱、番茄碱、维生素A、维生素C、B族维生素等。
【适宜人群】牙龈出血、贫血、高血压、肾炎、夜盲症和近视眼患者。
【不宜人群】急性肠炎、菌痢者及溃疡活动期病人。
【选购技巧】颜色粉红，蒂的部位一定要圆润，蒂部带着淡淡的青色最佳。

胡萝卜

适用量：每次约200克。

• 性味
性平，味甘、涩。无毒。

• 归经
归心、肺、脾、胃经。

【营养成分】富含糖类、蛋白质、脂肪、胡萝卜素、B族维生素、维生素C。
【适宜人群】癌症、高血压、夜盲症、干眼症患者。
【不宜人群】脾胃虚寒者。
【选购技巧】以根粗大、心细小、质地脆嫩、外形完整、表面有光泽的为佳。

黄瓜

适用量：每次约200克。

• 性味

性凉，味甘。

• 归经

有小毒。归肺、大肠经。

【营养成分】含食物纤维、矿物质、维生素等，并含多种游离氨基酸。

【适宜人群】热病、肥胖、高血压、高脂血症、水肿、癌症、嗜酒者及糖尿病患者。

【不宜人群】脾胃虚弱、腹痛腹泻、肺寒咳嗽患者。

【选购技巧】以色泽亮丽、外表有刺状凸起、头上顶着新鲜黄花的为佳。

芹菜

适用量：每次约100克。

• 性味

性凉，味甘、辛。

• 归经

归肺、胃、肝经。

【营养成分】含蛋白质、甘露醇、纤维素，丰富的维生素A、维生素C、钙、铁等。

【适宜人群】高血压患者、动脉硬化患者、缺铁性贫血者及经期妇女。

【不宜人群】脾胃虚寒者、肠滑不固者。

【选购技巧】以色泽鲜绿、叶柄厚、茎部稍呈圆形、内侧微向内凹的为佳。

山药

适用量：每次约200克。

• 性味

性平，味甘。

• 归经

归肺、脾、肾经。

【营养成分】含多种氨基酸和糖蛋白、黏液质、胡萝卜素、淀粉酶等。

【适宜人群】糖尿病、腹胀、病后虚弱、慢性肾炎、长期腹泻者。

【不宜人群】大便燥结者。

【选购技巧】以表皮光滑无伤痕、薯块完整肥厚、颜色均匀有光泽、不干枯、无根须、断层雪白、黏液多、水分少的为佳。

五色蔬果的功效

蔬菜和水果按颜色可分为白色蔬果、黄色蔬果、红色蔬果、绿色蔬果、黑紫色蔬果。

「白色蔬果——补气养肺」

白色蔬果具有安定情绪、提高免疫力、促进新陈代谢、减肥、降压、保护呼吸系统等多种功效。白色蔬果主要有白菜、菜花、白萝卜、白蘑菇、大蒜、莲藕、山药、白芍、百合、白芸豆、梨等。

「黄色蔬果——养脾护肠」

黄色蔬果能促进人体消化和吸收，增强食欲，养脾护肠，防治胃炎、胃溃疡等疾病，还具有抗氧化、保护心血管、促进消化、活肤美容、保护眼睛、抗癌的功效。黄色蔬果主要有南瓜、玉米、红薯、柑橘、橙子、芒果、香蕉、柠檬、木瓜等。

「红色蔬果——补心安神」

红色蔬果能补心安神、补气养血，有促进血液循环、保护心脏、预防动脉硬化、振奋心情、舒压解郁、预防癌症的功效。其中的番茄红素，能够保护细胞膜，抗自由基的损害，有延缓衰老、美容养颜的功效。红色蔬果主要有胡萝卜、西红柿、红辣椒、苹果、红葡萄、石榴、葡萄柚、草莓、樱桃、西瓜、红枣、山楂等。

「绿色蔬果——护肝养眼」

绿色蔬果具有保护视力、帮助消化、坚固骨骼、预防癌症的功效。还有助于稳定情绪和舒缓压力，其中含有的纤维素可以促进人体消化液的形成，促进胃肠蠕动、清理肠胃、预防便秘。绿色蔬果主要有菠菜、西蓝花、芹菜、包菜、芦笋、黄瓜、橄榄、猕猴桃、绿葡萄、青苹果等。

「黑紫色蔬果——补肾益阳」

黑紫色蔬果所含的有害成分少，而且营养全面、质优量多，能够补肾益阳，具有抗氧化、预防心血管疾病、抗癌、增强记忆力、保护泌尿及生殖系统的功效。黑紫色蔬果主要有紫甘蓝、茄子、黑木耳、海带、紫菜、蓝莓、桑葚、西梅、黑加仑等。

蔬果的正确清洗方法

想要榨出鲜美的蔬果汁，作为原料的蔬菜和水果的清洗方法也是有讲究的。有一些蔬果的表皮可能有残余的农药，清洗是否到位会直接影响食用后的效果。想要喝一杯营养安全的蔬果汁，首先就要清洗到位。

「清洗蔬菜」

盐水浸泡

一般蔬菜应先用清水至少冲洗3~6遍，然后放入淡盐水中浸泡1小时，再用清水冲洗1遍。对包心类蔬菜，可先切开，放入清水中浸泡2小时，再用清水冲洗，以清除残留农药。

碱水清洗

先在水中放上一小撮碱粉或碳酸钠，搅匀后再放入蔬菜，浸泡5~6分钟，再用清水漂洗干净。也可用小苏打代替，但要适当将浸泡时间延长到15分钟左右。

开水泡烫

在制作青椒、花菜、豆角、芹菜等时，下锅前最好先用开水烫一下，可清除90%的残留农药。

淘米水清洗

淘米水属酸性，有机磷农药遇酸性物质就会失去毒性。在淘米水中浸泡10分钟左右，再用清水洗干净，就能使蔬菜残留的农药成分减少。

「清洗水果的方法」

盐水清洗

将水果浸泡于加盐的清水中约10分钟（清水：盐＝500毫升：2克），再以大量的清水冲洗干净。

冷开水冲洗

由于水果宜生食，因此最后一次冲洗必须使用冷开水。

用海绵菜瓜布将表皮搓洗干净

若是连皮品尝水果，如杨桃、番石榴，则务必以海绵菜瓜布将水果表皮搓洗干净。

让蔬果汁口感更好的秘诀

制作蔬果汁的时候，可以根据自己的口感，在蔬果汁中加入适量辅料，如蜂蜜、柠檬汁、白糖、牛奶等，甚至还可以加入花生、腰果、杏仁、核桃等细小的碎末，美味又营养。

「添加蜂蜜」

蜂蜜主要成分有葡萄糖、果糖、氨基酸，还有各种维生素和矿物质元素。蜂蜜作为一种天然健康的食品，热量低，可润肠通便、美容养颜、延缓衰老、排毒瘦身，女性、老人和小孩都适宜食用。

「添加柠檬」

柠檬味道清新，富含维生素C，能美白肌肤，开胃消食，在饮用一些苦味或涩味较重的蔬果汁时，加入少许柠檬，能很好地缓解涩味。可直接将鲜柠檬与果蔬食材一同放入榨汁机中榨汁，也可使用现成的或现榨的柠檬汁。

「添加白糖」

白糖色白、干净、甜度高，主要分为两大类，即细砂糖和绵白糖。适当食用白糖有利于提高机体对钙的吸收，但不宜吃过多，尤其糖尿病患者更要注意少吃或不吃。将细砂糖加入到榨好的蔬果汁中，或者将细砂糖和蔬果一起榨汁，可以使酸涩的蔬果汁变得酸甜可口。

「添加牛奶」

牛奶含有优质的蛋白质和容易被人体消化吸收的脂肪、维生素A和维生素D。牛奶包含人体生长发育所需的全部氨基酸，消化率达98%，为其他食品所不及。牛奶常常可以和蔬果一起搅拌成汁，例如牛奶和苹果可以榨成苹果牛奶汁，营养丰富、养颜润肌。

「添加葡萄干」

葡萄干是由葡萄加工而成的，因为葡萄干中含有丰富的铁和钙，所以一直被视为滋补佳品，能辅助治疗与贫血和血小板减少相关的疾病。葡萄干味道鲜甜，不仅可以直接食用，还可以加进榨好的蔬果汁中供人品尝，可以使蔬果汁富有独特的口感。

喝蔬果汁应注意哪些问题

蔬果汁虽然营养丰富，但是喝前应该注意哪些问题，如何喝更营养，是不是所有人都适合呢？下面就给大家列出一些饮用蔬果汁需要知道的小秘密，让您喝得美味，喝得健康。

「不要大口喝蔬果汁」

炎炎夏日，当一杯清爽的蔬果汁放在面前时，很多人会迫不及待地大口快饮。但是，这样会使蔬果汁中的糖分很快进入血液，使血糖迅速上升。所以，喝蔬果汁时，要细细品味，一口一口慢慢喝。这样蔬果汁才容易完全被人体吸收，起到补益身体的作用。

「蔬果汁应在短时间内饮用」

蔬菜水果汁现榨现喝才能发挥最大效用。新鲜蔬菜水果汁含有丰富的维生素，若放置时间长了，会因光线及温度破坏其中的维生素，使得营养价值降低。榨蔬果汁不要超过30秒，蔬果汁应在15分钟内喝完，防止氧化，加水不要盖过食材。

「最好在早上饮用蔬果汁」

一般人早餐很少吃蔬菜和水果，容易缺失维生素。所以在早晨喝一杯新鲜的蔬果汁，可以补充身体所需要的水分和营养，醒神又健康。同时要注意，早餐饮用蔬果汁时，最好是先吃一些主食再喝。如果空腹喝酸度较高的蔬果汁，会对胃造成强烈刺激。

中餐和晚餐时应尽量少喝蔬果

汁。蔬果汁的酸度会直接影响胃肠道溶液的酸度，大量的蔬果汁会冲淡胃消化液的浓度。蔬果汁中的果酸还会与膳食中的某些营养成分，如钙结合，影响其消化吸收。此外，蔬果汁会使人们在吃饭时感到胃部胀满，饭后消化不好，肚子不适。

在两餐之间喝点蔬果汁，不仅可以补充水分，还可以补充日常饮食中缺乏的维生素和矿物质元素，时尚又健康。

「哪些人群不宜喝蔬果汁」

糖尿病患者不宜喝蔬果汁：由于糖尿病患者需要长期控制血糖，所以在喝蔬果汁前必须计算其含糖量，否则对身体不利。

急慢性胃肠炎患者不宜喝蔬果汁：急慢性胃肠炎患者不宜进食生冷的食物，最好不要饮用蔬果汁。

溃疡患者不宜喝蔬果汁：蔬果汁属寒凉食物，溃疡患者若饮用太多蔬果汁，会使消化道的血液循环不良，不利于溃疡的愈合。尤其饮用含糖较多的蔬果汁，会增加胃酸的分泌，使胃溃疡更加严重。

美颜健康蔬果汁

Chapter 2

美白防晒

美白养颜蔬果汁

材料 菠萝200克　柠檬30克
胡萝卜300克　西芹30克

做法

❶洗净的柠檬、菠萝、胡萝卜切成小块。

❷洗净的西芹切小段。

❸取榨汁机，分次放入柠檬、菠萝、西芹、胡萝卜。

❹选择第1挡，榨取蔬果汁。

❺揭盖，把榨好的蔬果汁倒入杯中即可。

草莓西红柿奶昔

材料 草莓4颗　西红柿70克
鲜奶100毫升　白糖适量

做法

❶原料洗净，草莓去蒂对半切开；西红柿切块。

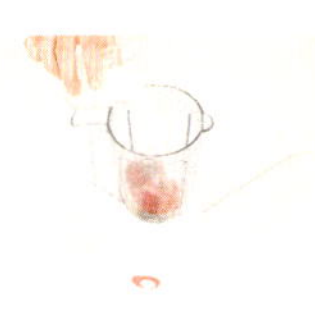

❷备好榨汁机，倒入草莓、西红柿，再倒入鲜奶。

❸盖上盖，调转旋钮至1挡，榨取奶昔。

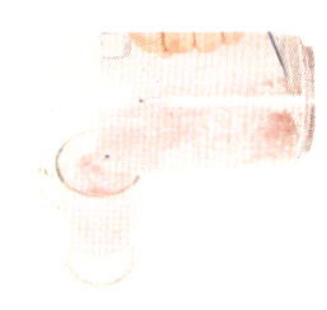

❹打开盖，将榨好的奶昔倒入杯中。

❺加入适量白糖，搅拌匀即可。

牛油果苹果汁

材料 牛油果50克　苹果50克
蜂蜜适量

做法

1 将洗净的苹果、牛油果去核去皮，切成丁。

2 备好榨汁机，倒入切好的食材，再倒入适量的清水。

3 盖上盖，调转旋钮至1挡，榨取果汁。

4 打开盖将果汁倒入杯中，淋上适量蜂蜜。

苹果蓝莓汁

材料 苹果200克
蓝莓70克
柠檬20克

做法

1. 将洗净的苹果切成块状。
2. 备好榨汁机，倒入蓝莓、苹果，挤入柠檬汁，倒入适量凉开水。盖上盖，调转旋钮至1挡，榨取果汁。
3. 将榨好的果汁倒入杯中。

苹果汁

材料 苹果90克

做法

1. 将洗净的苹果削去果皮，切开果肉，去除果核，将果肉切瓣，再切成丁，备用。
2. 取榨汁机，选择搅拌刀座组合，倒入苹果丁。
3. 注入少许温开水，盖上盖。
4. 选择“榨汁”功能，榨取苹果汁，倒入杯中即可。

番石榴木瓜汁

材料 番石榴100克
木瓜200克
蜂蜜30克

做法

1. 洗净的番石榴去头尾，切块；洗好的木瓜去核去皮，切块。
2. 榨汁机中倒入木瓜块、番石榴块，注入100毫升凉开水。
3. 盖上盖，榨约35秒成果汁。
4. 切断电源，将果汁倒入杯中，淋上蜂蜜即可。

材料 包菜150克
青木瓜150克
柠檬30克

包菜木瓜柠檬汁

做法

1. 材料洗净，青木瓜、柠檬取肉切块；包菜切块。
2. 榨汁机中倒入切好的食材，注入100毫升凉开水。
3. 盖上盖，榨约35秒成蔬果汁。
4. 将榨好的蔬果汁倒入杯中即可。

材料 包菜100克
哈密瓜200克
柠檬半个

包菜哈密瓜柠檬汁

做法

1. 食材洗净。哈密瓜、柠檬取肉切块，包菜切块。
2. 榨汁机中倒入哈密瓜块、包菜块、柠檬块。
3. 注入80毫升凉开水，盖上盖，榨约20秒成蔬果汁。
4. 将榨好的蔬果汁倒入杯中即可。

材料 油菜50克
橙子100克
柠檬20克

油菜柳橙柠檬汁

做法

1. 洗净的橙子切开，切瓣，去皮，切成小块；洗好的油菜切碎，待用。
2. 备好榨汁机，倒入切好的食材。
3. 挤入柠檬汁，注入适量凉开水。
4. 盖上盖，调转旋钮至1挡，榨取蔬果汁。
5. 将榨好的蔬果汁倒入杯中即可。

胡萝卜梨汁

材料 雪梨150克　胡萝卜70克
蜂蜜10克

做法

❶材料洗净，雪梨取肉切小块；胡萝卜去皮切成丁。

❷取榨汁机，放入切好的材料、适量矿泉水，盖上盖，榨出蔬果汁。

❸揭盖，加入蜂蜜，盖上盖，再搅拌一会儿。

❹断电后将榨好的蔬果汁盛入杯中即可。

爽口胡萝卜芹菜汁

材料 胡萝卜120克　包菜100克
芹菜80克　柠檬80克

做法

❶材料洗净，包菜切小块，芹菜切粒，胡萝卜去皮切丁。

❷锅中注水烧开，倒入包菜，拌匀，煮半分钟，至其变软捞出。

❸取榨汁机，选择搅拌刀座组合，倒入包菜、胡萝卜、芹菜。

❹加入适量矿泉水，盖上盖，选择“榨汁”功能，榨取蔬菜汁。

❺把榨好的蔬菜汁倒入杯中，挤入柠檬汁，搅拌均匀即可。

材料 胡萝卜100克
菠萝100克

胡萝卜菠萝汁

做法

1. 洗净去皮的菠萝切小块，胡萝卜去皮切成小丁。
2. 取榨汁机，选择搅拌刀座组合，放入切好的菠萝、胡萝卜。
3. 倒入适量矿泉水，盖上盖，选择“榨汁”功能，榨取蔬果汁。
4. 揭开盖子，把榨好的蔬果汁倒入杯中即可。

材料 雪梨100克
苦瓜120克
蜂蜜10克

雪梨蜂蜜苦瓜汁

做法

1. 洗好的苦瓜去子，切小块；雪梨取果肉切小块。
2. 锅中注水烧开，倒入苦瓜搅匀，煮2分钟捞出，沥干水分。
3. 取榨汁机，选择搅拌刀座组合，倒入苦瓜、雪梨。
4. 倒入适量矿泉水，盖上盖，选择“榨汁”功能，榨出蔬果汁。
5. 揭开盖，倒入蜂蜜，取勺子拌匀，倒入杯中即可。

祛痘除斑

蜂蜜生姜萝卜汁

材料 白萝卜160克
生姜30克
蜂蜜适量

做法

1. 将去皮洗净的生姜切小块；白萝卜切滚刀块。
2. 取榨汁机，选择搅拌刀座组合，倒入白萝卜块。
3. 放入生姜，注入适量清水，盖上盖。
4. 通电后选择“榨汁”功能，榨约半分钟。
5. 断电后倒出汁水，滤入杯中，加入适量蜂蜜，拌匀即可。

材料 西芹50克
蜂蜜30克

西芹蜂蜜汁

做法

1. 洗净的西芹切小段。
2. 取备好的榨汁机，倒入切好的西芹。
3. 放入蜂蜜，注入适量纯净水，盖好盖子。
4. 选择“榨汁”功能，榨取蔬菜汁。
5. 断电后倒出蔬菜汁，装入杯中即成。

材料 牛油果半个
柑橘1个
蜂蜜适量

牛油果柑橘蜜汁

做法

1. 柑橘去皮，切瓣，去核切块。
2. 牛油果去核，去皮，切块，待用。
3. 将牛油果块和柑橘块倒入榨汁机中，倒入70毫升凉开水。
4. 盖上盖，启动榨汁机，榨约15秒成果汁。
5. 断电后揭开盖，将果汁倒入杯中，淋上适量蜂蜜即可。

材料 柠檬1个
绿豆芽150克
蜂蜜30克

柠檬豆芽汁

做法

1. 洗好的柠檬切瓣，去皮去核，切块。
2. 沸水锅中倒入洗净的绿豆芽，焯20秒至断生，捞出焯好的绿豆芽，沥干水分，装盘待用。
3. 榨汁机中倒入绿豆芽、柠檬块；注入80毫升凉开水，盖上盖，榨约20秒成蔬果汁；断电后将蔬果汁倒入杯中，淋入蜂蜜，搅匀即可。

圣女果葡萄柚汁

材料 葡萄柚半个
柠檬1/8个
圣女果100克

做法

1. 圣女果对半切开。葡萄柚去皮，切成小块。柠檬挤出汁。
2. 将圣女果、葡萄柚倒入榨汁机，再倒入柠檬汁，榨成果汁即可。

材料 冬瓜100克
马蹄3个
甘蔗1小段

冬瓜马蹄甘蔗汁

做法

1. 用甘蔗榨汁机将甘蔗榨成汁（或者购买现成的甘蔗汁）。马蹄削去皮，再切成小块。
2. 将冬瓜、马蹄放入榨汁机，倒入甘蔗汁，榨成汁即可。

蓝莓奶昔

材料 蓝莓60克　鲜奶50毫升　酸奶50毫升
柠檬20克　桑葚50克

做法

❶ 备好榨汁机，倒入洗净的蓝莓、桑葚。

❷ 再挤入柠檬汁，倒入鲜奶、酸奶。

❸ 盖上盖，调转旋钮至1挡，榨取奶昔。

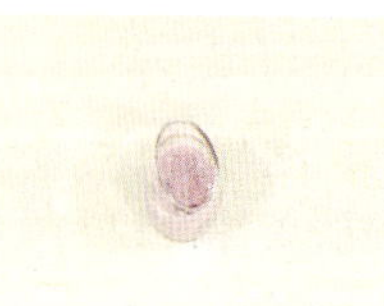

❹ 将榨好的奶昔倒入杯中即可。

冰镇鸳鸯果汁

材料 芒果肉150克
西瓜300克
炼乳5克

做法

1 芒果打上十字花刀，撑起果皮，削下果肉；西瓜切小块。

2 准备好榨汁机，倒入芒果肉，盖上盖，启动榨汁机，榨约30秒成芒果汁。

3 取一玻璃杯，倒入一半芒果汁，待用。

4 榨汁机中倒入西瓜块、炼乳，盖上盖，启动榨汁机，榨约30秒成西瓜汁。

5 将西瓜汁缓缓倒在玻璃杯中的芒果汁上，封上保鲜膜，放入冰箱冷藏20分钟。

6 取出冷藏好的果汁，撕开保鲜膜即可。

番石榴火龙果汁

材料 番石榴100克　　火龙果130克
柠檬汁30毫升

做法

❶洗净的番石榴去头尾，切块；火龙果去皮，切块，待用。

❷榨汁机中倒入火龙果块、番石榴块、柠檬汁，注入100毫升凉开水。

❸盖上盖，榨约25秒成果汁。

❹静止榨汁机，将榨好的果汁倒入杯中即可。

材料 芹菜70克
胡萝卜100克
柑橘1个

芹菜胡萝卜柑橘汁

做法

1. 材料洗净，芹菜切段，胡萝卜去皮切粒。
2. 柑橘去皮，掰成瓣，去掉橘络，备用。
3. 取榨汁机，倒入芹菜、胡萝卜、柑橘。
4. 加入适量矿泉水，盖上盖，选择“榨汁”功能，榨取蔬果汁。
5. 揭开盖，把榨好的蔬果汁倒入杯中即可。

去黑眼圈

绿茶菠萝薄荷汁

材料 绿茶60毫升
去皮菠萝100克
薄荷叶5克

做法

1. 洗净去皮的菠萝去心，切块。
2. 将绿茶过滤出茶水，待用。
3. 将菠萝块倒入榨汁机中，加入绿茶水。
4. 盖上盖，启动榨汁机，榨约15秒成果汁。
5. 断电后揭开盖，将果汁倒入杯中，放上薄荷叶即可。

材料 草莓100克
桑葚50克
柠檬30克
蜂蜜20克

草莓桑葚果汁

做法

1. 洗净去蒂的草莓对半切开，待用。
2. 备好榨汁机，倒入草莓、桑葚。
3. 再挤入柠檬汁，倒入少许清水。
4. 盖上盖，调转旋钮至1挡，榨取果汁。
5. 将榨好的果汁倒入杯中，再淋上备好的蜂蜜即可。

胡萝卜葡萄柚汁

材料 去皮胡萝卜50克　葡萄柚100克
杏仁粉20克　柠檬汁20毫升

做法

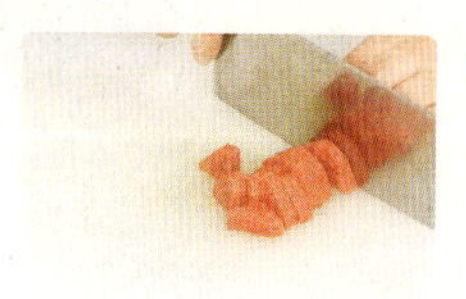

❶洗净去皮的胡萝卜切块；葡萄柚去皮取果肉，切块。

❷将胡萝卜块和葡萄柚块倒入榨汁机中。

❸加入柠檬汁，倒入杏仁粉，注入100毫升凉开水。

❹盖上盖，启动榨汁机，榨约20秒成蔬果汁。

❺断电后揭开盖，将蔬果汁倒入杯中即可。

胡萝卜猕猴桃汁

材料 胡萝卜100克
猕猴桃80克

做法

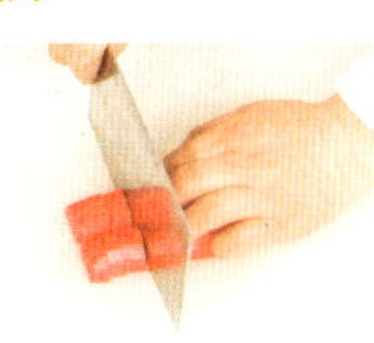

❶ 洗净去皮的胡萝卜、猕猴桃切成小块。

❷ 备好榨汁机，倒入胡萝卜块，倒入适量凉开水。

❸ 盖上盖，调转旋钮至1挡，榨取胡萝卜汁。

❹ 打开盖，将榨好的胡萝卜汁滤入碗中。

❺ 将猕猴桃块、少许凉开水倒入榨汁机，榨取猕猴桃汁。

❻ 将胡萝卜汁倒入杯中，再倒入猕猴桃汁即可。

胡萝卜西红柿橙汁

材料 胡萝卜65克
西红柿1个
橙子1个

做法

❶材料洗净；胡萝卜切小块；西红柿去蒂，切成小瓣，去皮。

❷橙子切去蒂部，再切成小瓣，去除果皮。

❸锅中注水烧开，倒入胡萝卜拌匀，煮2分钟至其断生后捞出。

❹取榨汁机，选择搅拌刀座组合，倒入胡萝卜、西红柿、橙子。

❺注入适量温开水，盖上盖，选择“榨汁”功能，榨取蔬果汁。

❻断电后将榨好的蔬果汁倒入杯中即可。

山药冬瓜萝卜汁

材料 苹果55克
山药50克
白萝卜75克
冬瓜65克

做法

❶ 材料洗净，冬瓜、白萝卜、山药去皮切小块。

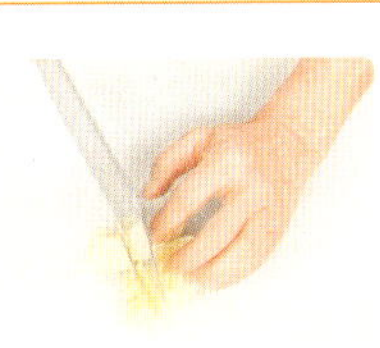

❷ 将苹果切开，去核，再切成小块。

❸ 锅中注水烧开，倒入冬瓜、山药，拌匀，大火煮2分钟后捞出。

❹ 取榨汁机，选择搅拌刀座组合，放入白萝卜、苹果、冬瓜、山药。

❺ 注入适量温开水，盖上盖，选择“榨汁”功能，榨取蔬果汁。

❻ 断电后倒出榨好的蔬果汁即可。

柳橙芒果蓝莓奶昔

材料 芒果40克　蓝莓70克
酸奶50毫升　橙汁100毫升

做法

❶芒果取出果肉，切成小块，待用。

❷备好榨汁机，倒入芒果块、蓝莓。

❸再倒入备好的酸奶、橙汁。

❹盖上盖，调转旋钮至1挡，榨取奶昔。

❺打开盖，将榨好的奶昔倒入杯中即可。

无花果苹果奶昔

材料 无花果40克
苹果80克
酸奶50毫升

做法

❶洗净的苹果切开，去子，去皮，切成块。

❷洗净的无花果切成小块，再切碎，待用。

❸备好榨汁机，倒入苹果块、无花果碎。

❹倒入备好的酸奶，加入少许清水。

❺盖上盖，调转旋钮至1挡，榨取奶昔。

❻打开盖，将榨好的奶昔倒入杯中即可。

材料 蚕豆30克
芝麻糊60克
酸奶80毫升
牛奶50毫升
黑糖10克

蚕豆芝麻奶昔

做法

1. 沸水锅中倒入洗净的蚕豆，煮5分钟至断生后捞出。
2. 将放凉的蚕豆对半切开，去皮，倒入榨汁机中。
3. 倒入酸奶、牛奶、芝麻糊，加入黑糖。
4. 盖上盖，启动榨汁机，榨约30秒成奶昔。
5. 断电后揭开盖，将奶昔倒入杯中即可。

材料 胡萝卜120克
橙子肉80克

胡萝卜橙汁

做法

1. 洗净去皮的胡萝卜切小块；橙子肉切小块。
2. 取榨汁机，选择搅拌刀座组合，倒入切好的食材。
3. 注入适量的纯净水，盖好盖子。
4. 选择“榨汁”功能，榨取蔬果汁。
5. 断电后倒出蔬果汁，装入杯中即成。

活力健康蔬果汁

Chapter 3

哈密瓜芒果奶昔

材料 哈密瓜100克　芒果100克
鲜奶100毫升

做法

❶ 备好的哈密瓜切成小块；将芒果肉取出，切成小块，待用。

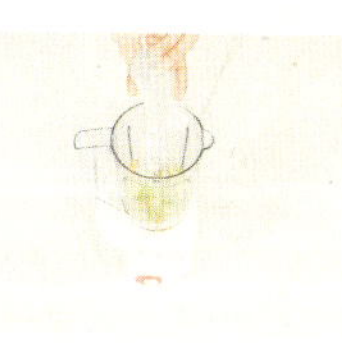

❷ 备好榨汁机，倒入切好的食材，再倒入备好的鲜奶。

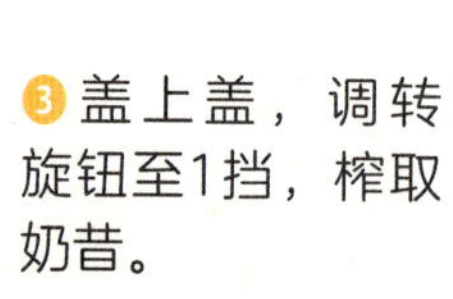

❸ 盖上盖，调转旋钮至1挡，榨取奶昔。

❹ 将榨好的奶昔倒入杯中即可。

芒果双色果汁

材料 芒果95克　西红柿120克　薄荷叶少许　酸奶250毫升　蜂蜜25克

做法

❶芒果取肉切小块，洗净的西红柿切小块。

❷取榨汁机，倒入芒果、酸奶，盖好盖，选择“榨汁”功能榨汁。

❸断电后倒出芒果汁，装入玻璃杯中，待用。

❹将西红柿倒入榨汁机，加入少许蜂蜜、适量纯净水，盖好盖榨汁。

❺断电后倒出西红柿汁，装入同一个玻璃杯中，点缀上薄荷叶即可。

胡萝卜排毒果汁

材料 胡萝卜1根
菠萝100克
柠檬1/8个

做法

1. 胡萝卜、菠萝去皮，都切成小块；柠檬挤出汁。
2. 将胡萝卜、菠萝放入榨汁机，倒入水、柠檬汁，榨成汁即可。

材料 火龙果2个
牛奶100毫升

火龙果奶昔

做法

1. 火龙果去皮，切成小块。
2. 将火龙果放入榨汁机，倒入牛奶，榨成汁即可。

材料 西蓝花80克
鲜海带1小块
芦笋2根
青苹果1个
杨桃2片
小青柠檬半个

绿力量蔬果汁

做法

1. 西蓝花切成小朵；海带切成小块；芦笋削去老皮，切成小段；青苹果连皮一起切成小块；青柠檬挤出汁。
2. 将西蓝花、海带、芦笋分别焯水至断生，捞出沥干。
3. 将所有食材放入榨汁机，倒入水、青柠檬汁，榨成汁即可。

材料 草莓50克
蓝莓30克
紫葡萄60克

双莓葡萄果汁

做法

1. 紫葡萄洗净后对半切开；草莓去蒂，对半切开。
2. 将草莓、蓝莓、紫葡萄放入榨汁机，倒入水，榨成汁即可。

双桃马蹄汁

材料 杨桃3片
油桃1个
马蹄3个
柠檬1/8个

做法

1. 杨桃切成薄片；油桃先取果肉，再切成小块；柠檬挤出汁；马蹄去皮，再切成小块。
2. 将杨桃、油桃、马蹄放入榨汁机，倒入柠檬汁，榨成汁即可。

白萝卜蜂蜜苹果汁

材料 白萝卜100克
苹果1个
蜂蜜2小勺

做法

❶ 白萝卜去皮，切成小块；苹果去皮、去核，切成小块。

❷ 将白萝卜、苹果放入榨汁机，榨成汁后倒入杯中，淋上蜂蜜即可。

材料 黑加仑15颗
草莓4颗

黑加仑草莓汁

做法

1. 黑加仑洗净；草莓洗净，去蒂，切块。
2. 将黑加仑、草莓一起放入榨汁机中，榨取汁液后，倒入杯中饮用即可。

酸甜草莓柳橙汁

材料 柳橙1个
草莓4颗
抹茶粉20克
果糖适量

做法

1. 柳橙洗净，去皮，对切，切小块；草莓洗净，切小块。
2. 将所有材料放入榨汁机内搅打成汁，倒入杯中即可。

材料 红柿子椒1个
番茄1个
西芹1/4根
红辣椒1个
盐少许
黑胡椒少许

双红微辣蔬果汁

做法

1. 红柿子椒去子，切成小块；番茄去蒂，切成小块；芹菜切小段。红辣椒切取1～2个小圈，去子。
2. 将所有食材放入榨汁机，榨成汁后倒入杯中，加入盐、黑胡椒调味即可。

材料 西红柿100克
冬瓜95克
橙子60克

西红柿冬瓜橙汁

做法

1. 去皮洗净的冬瓜切小块；橙子取肉，切小块；洗净的西红柿切小块。
2. 取榨汁机，选择搅拌刀座组合，倒入切好的食材。
3. 注入适量的纯净水，盖上盖，选择“榨汁”功能，榨出汁水。
4. 断电后倒出汁水，滤入杯中即成。

材料 草莓4颗
西芹40克
白糖30克

草莓西芹汁

做法

1. 洗净去蒂的草莓对半切开；洗净的西芹切成丁状，待用。
2. 备好榨汁机，倒入切好的食材，倒入适量凉开水。
3. 盖上盖，调转旋钮至1挡，榨取蔬果汁。
4. 打开盖，将榨好的蔬果汁倒入杯中。
5. 放入白糖，即可饮用。

材料 土豆100克
苹果1/2个
红茶1小勺
蜂蜜2小勺

土豆苹果红茶

做法

1. 将水煮沸，冲泡开红茶，滤出茶汁；土豆去皮，切成小块，焯至断生；苹果连皮一起切成小块。
2. 将土豆、苹果放入榨汁机，倒入红茶汁，榨成汁后倒入杯中，最后淋上蜂蜜即可。

材料 黄瓜65克
雪梨70克

黄瓜雪梨汁

做法

❶ 洗净的黄瓜取果肉，切小块；洗好的雪梨取果肉，切小块。
❷ 取备好的榨汁机，倒入切好的雪梨和黄瓜。
❸ 加入适量纯净水，盖好盖子。
❹ 选择“榨汁”功能，榨出蔬果汁。
❺ 断电后倒出蔬果汁，装入杯中即可。

材料 黄瓜65克
猕猴桃100克
雪梨85克

黄瓜梨猕猴桃汁

做法

1. 洗净的黄瓜切小块；猕猴桃取果肉切小块；雪梨取果肉切小块。
2. 取榨汁机，倒入备好的食材。
3. 注入适量纯净水，盖好盖子。
4. 选择“榨汁”功能，榨取蔬果汁。
5. 断电后倒入蔬果汁，装入杯中即成。

材料 菠萝肉100克
黄瓜70克
橙子肉60克

黄瓜菠萝汁

做法

1. 菠萝肉切小块；洗净的黄瓜切小块；橙子肉切小块。
2. 取来备好的榨汁机，倒入切好的食材。
3. 注入适量纯净水，盖好盖子。
4. 选择“榨汁”功能，榨出蔬果汁。
5. 断电后倒出蔬果汁，装入杯中即成。

黄瓜芹菜雪梨汁

材料 雪梨120克　黄瓜100克
芹菜60克

做法

❶将洗净的雪梨切小块；洗好的黄瓜切成丁；洗净的芹菜切成段。

❷取榨汁机，选择搅拌刀座组合，倒入切好的材料。

❸注入适量矿泉水，盖上盖，通电后选择“榨汁”功能。

❹搅拌一会儿，至材料榨出汁水。

❺断电后倒出榨好的雪梨汁，装入杯中即成。

五色蔬菜汁

材料 芹菜30克
包菜30克
胡萝卜30克
土豆30克
香菇1朵

做法

1. 芹菜洗净，切段；包菜洗净，切片；香菇、胡萝卜、土豆均洗净，去皮，切块。
2. 将上述材料均焯水。
3. 将全部材料倒入搅拌机内，加水适量，搅打成汁。

材料 干银耳70克
山药20克
鲜百合20克
冰块少许

银耳汁

做法

1. 银耳泡软，入锅煮30分钟后捞起，沥干，放凉；山药洗净，去皮，切块；百合洗净，焯烫备用。
2. 将银耳、山药与百合倒入搅拌机中，加适量水搅打成汁，加冰块即可。

茼蒿鲜柚汁

材料 茼蒿1小把
葡萄柚1片
熟黄豆粉1小勺

做法

1. 茼蒿洗净后切成小段，放入沸水锅中焯20～30秒，捞出沥干。葡萄柚去皮，切成小块。
2. 将茼蒿、葡萄柚放入榨汁机，倒入熟黄豆粉、水，榨成汁即可。

材料 西蓝花80克
荷兰豆70克
苹果醋200毫升

西蓝花荷兰豆汁

做法

1. 西蓝花切成小朵，荷兰豆择去老筋，一起放入沸水锅中，煮至断生，再捞出沥干。
2. 将西蓝花、荷兰豆放入榨汁机，倒入苹果醋，榨成汁即可。

材料 枸杞30克
草莓30克
黄河蜜瓜100克
蜂蜜适量

枸杞汁

做法

1. 枸杞洗净；草莓洗净，去蒂；黄河蜜瓜洗净，去皮，切块备用。
2. 将枸杞、草莓、黄河蜜瓜、蜂蜜放入榨汁机，加适量清水，榨成汁即可。

材料 韭菜90克

韭菜叶汁

做法

1. 将洗净的韭菜切成段，装入盘中，备用。
2. 取榨汁机，选择搅拌刀座组合，倒入韭菜段，加入少许清水，盖上盖。
3. 选择“榨汁”功能，榨取韭菜汁后倒出，滤入碗中，待用。
4. 将砂锅置于火上，倒入榨好的韭菜汁，调至大火，煮1分钟至汁液沸腾为止，关火后盛出即可。

龙眼马蹄火龙果汁

材料 无子西瓜30克
火龙果1/2个
龙眼 3 个
马蹄2个

做法

1. 龙眼去皮、去核；马蹄去皮，切成小块；火龙果去皮，切成小块；无子西瓜去皮，切成小块。
2. 将所有材料放入榨汁机，倒入水，榨成汁即可。

材料 菠萝75克
胡萝卜85克
蜂蜜25克
柠檬汁30毫升

菠萝排毒果汁

做法

1. 将菠萝、胡萝卜洗净、去皮后切小块，倒入榨汁机中，并放入柠檬汁和适量纯净水。
2. 盖好盖，启动榨汁机，榨出蔬果汁。
3. 将蔬果汁倒入杯子中，加少许蜂蜜拌匀即可饮用。

苦瓜蜂蜜姜汁

材料 苦瓜50克
柠檬半个
生姜7克
蜂蜜适量

做法

1. 苦瓜洗净，对半切开，去子，切小块备用；柠檬去皮，切小块；生姜洗净，切片。
2. 将苦瓜、生姜、柠檬顺序交错地放进榨汁机中，榨出汁，倒入杯中。
3. 加入蜂蜜调匀即可。

材料 柳橙1个
紫甘蓝100克
柠檬1个
芹菜50克
蜂蜜少许

紫甘蓝蔬果汁

做法

1. 柳橙洗净，榨汁；柠檬去皮，榨汁；紫甘蓝洗净，切块。
2. 芹菜洗净，与紫甘蓝、水、柠檬汁、柳橙汁一起榨汁，滤汁入杯，加蜂蜜调匀即可。

材料 圣女果400克
佛手柑1个
柠檬1个

佛手柑圣女果汁

做法

1. 圣女果洗净，切丁；佛手柑洗净，去皮、核，切块；柠檬洗净，切成片。
2. 将所有的材料放入榨汁机内榨汁，最后过滤出果肉，倒入杯中即可。

材料 黄瓜200克
柠檬汁100毫升

黄瓜柠檬汁

做法

1. 黄瓜洗净，去皮，切成小块。
2. 用榨汁机挤压出黄瓜汁，再加柠檬汁和冷开水调匀即可。

清除宿便

牛油果水蜜桃汁

材料 牛油果1个
水蜜桃1个
柠檬半个
牛奶适量

做法

1. 牛油果和水蜜桃均洗净，去皮、核；柠檬洗净，切成小片。
2. 将牛油果、水蜜桃、柠檬放入榨汁机内榨汁。
3. 最后将果汁倒入搅拌机中，加入牛奶搅匀即可。

材料 莲藕300克
雪梨200克
蜂蜜20克

蜂蜜雪梨莲藕汁

做法

1. 雪梨洗净，去皮、核，切丁；莲藕洗净，去皮，切丁，入锅煮90秒至八成熟后捞出，沥干水分。
2. 取榨汁机，倒入莲藕、雪梨，加水，榨取蔬果汁。
3. 加入蜂蜜搅拌匀，把榨好的蔬果汁倒入杯中即可。

毛豆
橘子汁
石榴
苹果汁

石榴苹果汁

材料 苹果1个
柠檬1个
石榴1个

做法

1. 石榴去外皮，取出果肉；苹果洗净，去核，切块；柠檬取肉榨汁，备用。
2. 将苹果、石榴顺序交错地放进榨汁机榨汁。
3. 再加入少许柠檬榨汁即可。

毛豆橘子汁

材料 毛豆80克
鲜奶240毫升
橘子150克
冰糖少许

做法

1. 毛豆洗净，用水煮熟；橘子剥皮，去内膜，切成小块。
2. 将诸材料倒入搅拌机内搅打2分钟即可。

芒果汁

材料 芒果125克
白糖少许

做法

❶洗净的芒果取果肉，切小块。

❷取备好的榨汁机，倒入芒果。

❸加入少许白糖，注入适量纯净水，盖好盖。

❹选择“榨汁”功能，榨出芒果汁。

材料 雪梨110克
芒果120克

芒果雪梨汁

做法

1. 洗净去皮的雪梨切开，去核，切成小块；芒果对半切开，去皮，切成小瓣，备用。
2. 取榨汁机，选择搅拌刀座组合；将芒果肉、雪梨块倒入搅拌杯中，注入适量纯净水；盖上盖，选择“榨汁”功能，榨取果汁。
3. 断电后倒出果汁，装入玻璃杯中即可。

胡萝卜木瓜苹果汁

材料 胡萝卜60克
水80毫升
苹果1/2个
木瓜50克

做法

1. 胡萝卜去皮，切块。木瓜去皮，去子，切小块。苹果切成小块。
2. 将胡萝卜、木瓜、苹果放入榨汁机中，倒入水，榨成汁后倒入杯中，淋上蜂蜜即可。

材料 杨梅100克
白糖15克

梦幻杨梅汁

做法

1. 洗净的杨梅取果肉切小块。
2. 取备好的榨汁机，倒入杨梅果肉。
3. 加入少许白糖，注入适量纯净水，盖好盖子。
4. 选择“榨汁”功能，榨取果汁。
5. 断电后倒出杨梅汁，装入杯中即成。

芒果香蕉椰汁

材料 芒果1个
椰汁200毫升
香蕉1个
菠萝1/4个

做法

1. 芒果用十字花刀切取小块果肉。菠萝去皮，切小块。香蕉去皮，切成小块。
2. 将所有食材放入榨汁机，倒入椰汁，榨成汁即可。

菠萝荷兰豆油菜汁

材料 柠檬1/8个
油菜1棵
菠萝100克
荷兰豆30克

做法

1. 菠萝去皮，切成小块。荷兰豆切三段。油菜取叶片部分。将柠檬挤出汁，备用。
2. 将菠萝、荷兰豆、油菜放入榨汁机，倒入水、柠檬汁，榨汁即可。

材料 苹果1个
草莓2颗
胡萝卜50克
蜂蜜适量
柠檬汁适量

苹果草莓蜜汁

做法

1. 苹果、胡萝卜均洗净，去皮，切块；草莓洗净，去蒂，切块，备用。
2. 将以上材料与柠檬汁放入榨汁机一同榨汁，倒入杯中，调入蜂蜜即可。

材料 哈密瓜200克
牛奶200克
柠檬1/2个

哈密瓜牛奶汁

做法

1. 哈密瓜洗净，削皮，去子，切丁；柠檬洗净，切片。
2. 将所有材料放入榨汁机内，搅打成汁。

水蜜桃橙汁

材料 水蜜桃1个
橙子1/4个
原味酸奶1盒

做法

1. 水蜜桃去皮，取果肉切成小块；橙子去皮，也切成小块。
2. 将水蜜桃、橙子放入榨汁机，倒入酸奶，榨成汁即可。

温馨小提示

水蜜桃、橙子中的膳食纤维与酸奶中的乳酸菌可以净化肠道，促进肠道毒素的排出。这道果汁酸酸甜甜的口感让人活力倍增。

水蜜桃含丰富的铁质，可预防缺铁性贫血，改善气色，常吃可美容养颜。水蜜桃中的纤维成分为水溶性果胶，有助于排毒且不会损伤肠道。

材料 红薯50克
紫薯50克
抹茶粉1小勺

风味双薯抹茶汁

做法

1. 红薯、紫薯去皮，放入蒸锅中蒸熟，取出放凉后切成小块。
2. 将红薯和紫薯放入榨汁机，倒入抹茶粉、水，榨成汁即可。

三色柿子椒葡萄果汁

材料 葡萄30克
红柿子椒1/2个
绿柿子椒1/2个
黄柿子椒1/2个

做法

1. 将3种柿子椒去子，切成小块。葡萄对半切开，用刀尖挑去子。
2. 将所有食材放入榨汁机中，倒入水，榨成汁即可。

材料 山药100克
蓝莓10颗
椰汁200毫升

清醇山药蓝莓椰汁

做法

❶ 洗净的山药去皮，切成小块。

❷ 将山药、蓝莓放入榨汁机，倒入椰汁，榨成汁即可。

油菜苹果柠檬汁

材料 油菜叶子50克
苹果90克
柠檬20克

做法

1. 洗净的苹果取果肉，切成小块；洗净的油菜叶子切碎。
2. 备好榨汁机，倒入切好的食材，加入适量柠檬汁，倒入少许凉开水。
3. 盖上盖，调转旋钮至1挡，榨取蔬果汁。
4. 将榨好的蔬果汁倒入杯中即可。

杨桃甜橙汁

材料 杨桃165克
橙子120克

做法

❶洗净的杨桃切开，去除硬芯，切成小块。

❷洗好的橙子切成瓣，去除果皮，再切成块，备用。

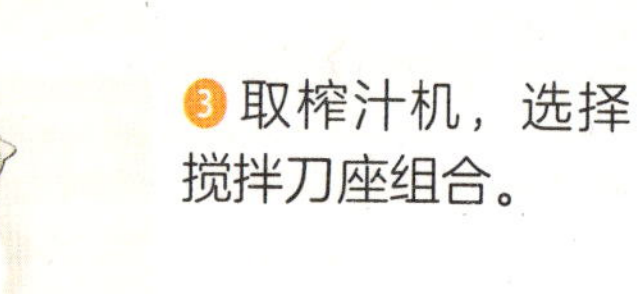

❸取榨汁机，选择搅拌刀座组合。

❹倒入切好的杨桃、橙子，注入适量温开水，盖上盖。

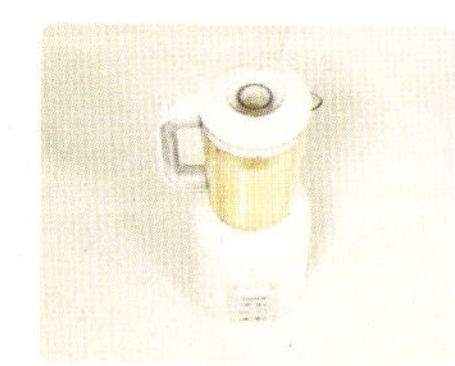

❺选择“榨汁”功能，榨取果汁。

❻断电后将果汁倒入杯中即可。

材料 木瓜75克
牛奶300毫升

牛奶木瓜汁

做法

1. 洗净的木瓜切开，去除瓜瓤，去皮，再切成小块，备用。
2. 取榨汁机，选择搅拌刀座组合。
3. 倒入切好的木瓜，注入牛奶。
4. 盖上盖子，选择“榨汁”功能，榨取果汁。
5. 断电后将榨好的果汁倒入杯中即可。

材料 椰肉130克
鲜椰汁250毫升

自制健康椰子汁

做法

1. 椰肉切小块用清水清洗干净。
2. 取榨汁机，选择搅拌刀座组合，倒入椰肉块。
3. 注入适量的鲜椰汁，盖好盖子。
4. 选择“榨汁”功能，榨取鲜果汁。
5. 断电后倒出果汁，装入杯中即可。

材料 柚子肉80克
西红柿60克

西红柿柚子汁

做法

1. 锅中注水烧开，放入西红柿，煮约1分钟，至其表皮裂开后捞出。
2. 将柚子肉去除果皮和果核，再把果肉掰成小块。
3. 把放凉的西红柿去除表皮，再切开果肉，改切成小块，备用。
4. 取榨汁机，选择搅拌刀座组合，倒入柚子肉、西红柿，注入适量矿泉水。
5. 盖好盖。通电后选择“榨汁”功能，搅拌一会儿，榨出蔬果汁即成。

苹果橘子汁

材料 苹果100克
橘子肉65克

做法

❶橘子肉切小块；洗净的苹果取果肉，切小块，备用。

❷取榨汁机，选择搅拌刀座组合，倒入苹果、橘子肉。

❸注入适量矿泉水，盖上盖，选择"榨汁"功能，榨取果汁。

❹断电后揭开盖，倒入杯中即可。

材料 苹果70克
牛奶300毫升
椰奶200毫升

苹果椰奶汁

做法

1. 洗净去皮的苹果切开，去除果核，切成小块，备用。
2. 取榨汁机，选择搅拌刀座组合，倒入苹果，加入牛奶、椰奶。
3. 盖上盖，选择“榨汁”功能，榨取汁水。
4. 断电后倒出汁水，装入杯中即可。

材料 黄瓜85克
苹果70克
柠檬汁少许

黄瓜苹果纤体饮

做法

1. 洗净的黄瓜切小块。
2. 洗净的苹果取果肉，切丁。
3. 取备好的榨汁机，选择搅拌刀座组合，倒入切好的黄瓜和苹果。
4. 淋入少许柠檬汁，注入适量纯净水，盖上盖。
5. 选择“榨汁”功能，榨出蔬果汁即成。

奶香苹果汁

材料 苹果100克
纯牛奶120毫升

做法

1. 洗净的苹果取果肉，切小块。
2. 取榨汁机，选择搅拌刀座组合，倒入切好的苹果。
3. 注入纯牛奶，盖好盖子。
4. 选择“榨汁”功能，榨取果汁。
5. 断电后倒出果汁，装入杯中即成。

材料 橙子60克
苹果170克
紫苏叶20克
蜂蜜20克

紫苏苹果橙汁

做法

1. 洗净的橙子、苹果去皮，切成小块。
2. 砂锅中注水烧开，倒入洗净的紫苏叶，盖上盖，大火煮开后转小火煮20分钟；掀开锅盖，将紫苏汁滤到碗中，待用。
3. 取榨汁机，倒入橙子块、苹果块，注入紫苏汁；盖上盖，按下“榨汁”键，榨取蔬果汁；断电后取下榨汁杯，将蔬果汁倒入杯中，淋入蜂蜜即可。

材料 莴笋60克
哈密瓜120克
柠檬20克

莴笋哈密瓜汁

做法

1. 处理好的莴笋切条，再切成小块；洗净去皮的哈密瓜切成小块，待用。
2. 备好榨汁机，倒入切好的食材。
3. 挤入柠檬汁，倒入少许清水。
4. 盖上盖，调转旋钮至1挡，榨取蔬果汁。
5. 将榨好的蔬果汁倒入杯中即可。

益气补血

材料 哈密瓜200克
猕猴桃2个
柠檬汁适量

猕猴桃汁

做法

1. 哈密瓜洗净，去皮、瓤，切块；猕猴桃洗净去皮，取肉切小块。
2. 将以上原料连同柠檬汁一起放入榨汁机中榨汁。
3. 倒入杯中即可饮用。

材料 西红柿100克
酸奶300克

西红柿酸奶

做法

1. 西红柿用清水洗干净，去掉蒂，切成小块。
2. 将切好的西红柿和酸奶一起放入搅拌机内，搅拌均匀即可。

材料 玉米2个

玉米汁

做法

1. 将玉米去须后，用清水洗净，放入锅中煮至熟，捞出凉凉。
2. 将玉米粒放入榨汁机中榨汁，最后倒入杯中饮用。

材料 黑加仑10克
牛奶适量

黑加仑牛奶汁

做法

1. 黑加仑用清水洗净。
2. 将牛奶和黑加仑倒入榨汁机中，一起榨取汁液后取出，倒入杯中即可饮用。

材料 菠萝50克
西红柿1个
柠檬1/2个
蜂蜜少许

菠萝西红柿汁

做法

1. 菠萝、西红柿、柠檬洗净，去皮，切成小块。
2. 将菠萝、西红柿、柠檬倒入榨汁机内，搅打成汁，加入蜂蜜拌匀即可。

材料 南瓜100克
胡萝卜150克
橘子1个
鲜奶200毫升
柠檬汁适量

南瓜胡萝卜橘汁

做法

1. 南瓜洗净，去皮、瓤，切块，入锅煮软。
2. 将所有材料放入榨汁机中榨汁即可。

材料 西瓜150克
西红柿1个
柠檬1/4个

西红柿西瓜柠檬饮

做法

❶ 西瓜、西红柿洗净后去皮，均切成适当大小的块；柠檬洗净切块。
❷ 将所有材料放入榨汁机一起搅打成汁，滤出果肉即可。

芹菜葡萄梨子汁

材料 雪梨100克
芹菜60克
葡萄100克

做法

❶ 芹菜洗净，切粒；雪梨洗净，去皮、核，切小块；葡萄洗净，切小块。

❷ 取榨汁机，倒入切好的食材，加水，选择“榨汁”功能榨取蔬果汁，倒入杯中即可。

猕猴桃菠萝苹果汁

材料 猕猴桃肉60克　　菠萝肉95克
苹果110克

做法

❶猕猴桃肉切小块；菠萝肉切小块；洗净的苹果取果肉切小块。

❷取榨汁机，选择搅拌刀座组合，倒入切好的水果。

❸注入适量的纯净水，盖好盖子。

❹选择“榨汁”功能，榨出果汁。

❺断电后倒出果汁，装入杯中即可。

芹菜猕猴桃梨汁

材料 芹菜45克
猕猴桃70克
雪梨95克

做法

❶ 洗净的芹菜切小段。

❷ 洗好的雪梨切条形，改切小块。

❸ 洗净的猕猴桃取果肉切丁。

❹ 取备好的榨汁机，选择搅拌刀座组合，倒入切好的食材。

❺ 注入适量纯净水，盖好盖，选择“榨汁”功能，榨取蔬果汁。

❻ 断电后倒出蔬果汁，装入杯中即成。

材料 芒果1/2个
菠萝30克
葡萄柚1/2个
姜末少许

芒果菠萝葡萄柚汁

做法

1. 芒果用十字花刀切取小块果肉。菠萝、葡萄柚去皮，切成小块。
2. 将芒果、菠萝、葡萄柚放入榨汁机，倒入姜末，榨成汁即可。

红提芹菜青柠汁

材料 芹菜1/2根
红提100克
小青柠檬半个

做法

❶ 芹菜切成小段。红提洗净后对半切开。柠檬挤出汁。

❷ 将芹菜、红提放入榨汁机，倒入水、柠檬汁，榨成汁即可。

材料 紫甘蓝100克
包菜100克

紫甘蓝包菜汁

做法

1. 洗好的包菜切小块；洗净的紫甘蓝切成小块，备用。
2. 取榨汁机，选择搅拌刀座组合，将包菜放入搅拌杯中。
3. 加入紫甘蓝，倒入适量纯净水，盖上盖，选择“榨汁”功能，榨取蔬菜汁，倒入杯中，即可饮用。

人参果雪梨汁

材料 人参果100克
雪梨120克

做法

❶洗净的雪梨切开，去核，切成小块；洗好的人参果切成小块。

❷取榨汁机，选择搅拌刀座组合，将切好的水果倒入杯中。

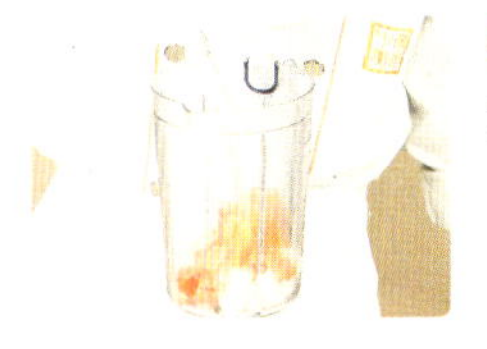

❸加入适量纯净水，盖上盖。

❹选择“榨汁”功能，榨取果汁即可。

西瓜草莓汁

材料 去皮西瓜150克 草莓50克
柠檬20克

做法

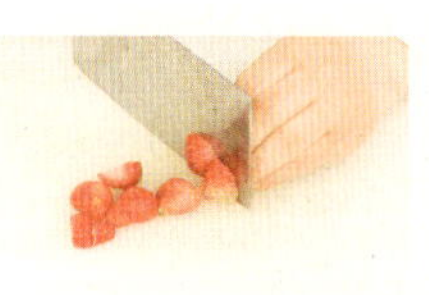

❶西瓜切块；洗净的草莓去蒂，切块，待用。

❷将西瓜块和草莓块倒入榨汁机中，挤入柠檬汁。

❸注入100毫升凉开水。

❹盖上盖，启动榨汁机，榨约15秒成果汁。

人参果黄瓜汁

材料 人参果100克
黄瓜120克

做法

❶洗好的黄瓜对半切开，切条，再切丁。

❷洗净的人参果切开，去皮，再切成小块，备用。

❸取榨汁机，选择搅拌刀座组合，将切好的黄瓜倒入搅拌杯中。

❹放入人参果，倒入适量纯净水。

❺盖上盖，选择“榨汁”功能，榨汁。

❻取盖，将榨好的蔬果汁倒入杯中即可。

芹菜西蓝花蔬菜汁

材料 芹菜70克
西蓝花90克
莴笋80克
牛奶100毫升

做法

❶ 洗净去皮的莴笋切成丁；洗好的芹菜切段；洗净的西蓝花切小块。

❷ 锅中注水烧开，倒入莴笋、西蓝花、芹菜段，煮至断生后捞出。

❸ 取榨汁机，选择搅拌刀座组合，倒入食材和矿泉水。

❹ 盖上盖，选择“榨汁”功能，榨取蔬菜汁。

❺ 揭开盖，倒入牛奶，盖上盖。

❻ 选择“榨汁”功能，搅拌匀后揭盖，倒入杯中。

材料 胡萝卜50克
山竹2个
柠檬1个

胡萝卜山竹汁

做法

1. 胡萝卜洗净，去皮，切成薄片；山竹洗净，去皮；柠檬洗净，切成小片。
2. 将准备好的材料放入搅拌机，加水搅打成汁即可。

猕猴桃酸奶汁

材料 猕猴桃1个
酸奶20毫升

做法

1. 猕猴桃去皮，对半切开，取肉。
2. 将猕猴桃及酸奶一同放入到榨汁机中榨汁即可。

材料 草莓10颗
酸奶250毫升
柠檬半个

草莓酸奶

做法

1. 草莓洗净，去蒂，切成大小合适的块；柠檬取果肉，切丁。
2. 将草莓、酸奶、柠檬一起放入搅拌机内搅打2分钟即可。

材料 青苹果1个
菠菜100克

菠菜青苹果汁

做法

1. 菠菜洗净，切段；青苹果洗净，切成小块。
2. 将菠菜、青苹果一起放入榨汁机中，加入适量冷开水，榨成汁后倒入杯中。

桑葚猕猴桃奶

材料 桑葚80克

猕猴桃1个

牛奶150毫升

做法

1. 桑葚洗净；猕猴桃去皮，切成大小适合的块。
2. 将桑葚、猕猴桃放入到果汁机内，加入牛奶，搅拌均匀即可。

沙田柚草莓汁

材料 沙田柚100克
草莓20克
酸奶200毫升

做法

❶ 沙田柚去皮，切成小块；草莓洗净，去蒂，切成大小适当的块。
❷ 将所有材料放入搅拌机内搅打成汁即可。

西红柿芹菜莴笋汁

材料 西红柿100克　　莴笋150克
芹菜70克　　蜂蜜15克

做法

❶摘洗好的芹菜切成段；洗净去皮的莴笋、西红柿切成丁。

❷将莴笋和芹菜入沸水锅焯水后捞出。

❸将备好的食材倒入备好的榨汁机中，加入适量纯净水，榨取蔬菜汁。

❹揭盖，倒入适量蜂蜜，盖上盖，再次搅拌均匀。

❺揭盖，将蔬菜汁倒入杯中即可。

食疗健康蔬果汁

Chapter 4

材料 莴笋50克
包菜50克
苹果50克
蜂蜜少许

包菜莴笋汁

做法

1. 将莴笋去皮，洗净，切块；包菜洗净，切块；苹果洗净，去皮、核，切块。
2. 将以上材料放入榨汁机中，加入冷开水和蜂蜜，搅匀即可。

西瓜西红柿汁

材料 西瓜果肉120克
西红柿70克

做法

1. 取西瓜果肉，切成小块；洗净的西红柿切开，切成小瓣，待用。
2. 取榨汁机，选择搅拌刀座组合，倒入切好的食材，注入少许纯净水，榨成果汁，再倒入杯中即可。

芹菜胡萝卜柳橙汁

材料 芹菜30克
柳橙50克
胡萝卜90克
蜂蜜15毫升
柠檬汁适量

做法

1. 芹菜洗净，切段；柳橙洗净，去皮，去核，切成块；胡萝卜洗净，切成块。
2. 将所有的材料倒入榨汁机内，搅打成汁即可。

西瓜葡萄柚汁

材料 西瓜150克
芹菜适量
葡萄柚1个

做法

1. 西瓜取肉；葡萄柚去皮，切块；芹菜去叶，洗净后切块。
2. 将所有材料一同放入榨汁机榨汁，滤取汁后倒入杯中即可。

防治便秘

柳橙菠萝莲藕汁

材料 柳橙60克
菠萝100克
莲藕30克

做法

1. 柳橙取肉，切块；菠萝洗净，取肉，切块；莲藕洗净去皮，切块。
2. 将柳橙、菠萝、莲藕倒入榨汁机中，榨取汁液后倒入杯中即可。

材料 包菜150克
苹果120克

包菜苹果蜂蜜汁

做法

1. 包菜洗净，去芯，切成小块；洗好的苹果切瓣，去核，去皮，切成小块。
2. 将包菜放入锅中，加水煮熟，捞出，沥干水分。
3. 把所有材料一起放入榨汁机中，榨成汁即可。

材料 覆盆子100克
黑莓100克
牛奶80毫升

覆盆子黑莓牛奶汁

做法

1. 将覆盆子、黑莓分别洗净，再一起放入榨汁机中，倒入牛奶一同榨汁。
2. 将果汁倒入杯中即可饮用。

材料 香蕉1根
燕麦80克
牛奶200毫升

香蕉燕麦汁

做法

1. 将香蕉去皮取肉，切段。
2. 将香蕉、燕麦、牛奶一起放入榨汁机内，搅打成汁后，倒入杯中即可。

防治咳嗽

材料 芹菜30克
杨桃50克
青提100克
芦笋30克

芹菜杨桃蔬果汁

做法

1. 芹菜、芦笋洗净，切小段；杨桃洗净，切小块；青提洗净后对切，去子。
2. 将所有原料倒入榨汁机内，榨出汁后倒入杯中即可。

材料 莲藕1/3个
柳橙1个
苹果半个
蜂蜜3克

莲藕柳橙苹果汁

做法

1. 苹果洗净，去皮、核，切块；柳橙洗净，去皮，切块；莲藕洗净，去皮，切小块。
2. 将材料榨成汁，最后加入少许蜂蜜即可。

马蹄汁

材料 马蹄肉100克
蜂蜜适量

做法

❶ 将洗净去皮的马蹄肉切成小块，备用。

❷ 取榨汁机，选择搅拌刀座组合，倒入马蹄和适量矿泉水，选择“榨汁”功能，榨取马蹄汁。

❸ 放入适量蜂蜜，搅拌均匀，再把榨好的马蹄汁倒入杯中即可。

橘子红薯汁

材料 橘子2个　去皮熟红薯50克
肉桂粉少许

做法

❶去皮熟红薯切块；橘子剥皮，去经络，剥成小瓣，待用。

❷将红薯块、橘子瓣倒入备好的榨汁机中。

❸注入80毫升的凉开水，盖上盖。

❹启动榨汁机，榨约15秒成蔬果汁。

❺断电后揭开盖，将蔬果汁倒入杯中，放上少许肉桂粉即可。

洋葱胡萝卜李子汁

材料 洋葱10克

胡萝卜200克

李子30克

做法

1. 洋葱去皮，洗净，切块；胡萝卜洗净，去皮，切块；李子洗净，去核，取肉。
2. 将上述原料加水榨成汁即可。

材料 莲藕30克
菠萝50克
芒果半个
柠檬少许

莲藕菠萝柠檬汁

做法

1. 菠萝去皮，洗净，切块；莲藕洗净后去皮，切块；柠檬、芒果洗净，取肉，切块。
2. 将上述原料放入榨汁机一起搅打成汁，滤出果肉即可。

消除疲劳

材料 秋葵3根
马奶葡萄80克
包菜30克

秋葵葡萄包菜汁

做法

1. 秋葵切成小段，包菜切小块，分别放入沸水中焯煮至断生，捞出沥干。
2. 将秋葵、包菜、马奶葡萄放入榨汁机，倒入水，榨成汁即可。

香蕉蜜枣果汁

材料 香蕉1根
蜜枣2个
豆浆200毫升

做法

❶ 香蕉去皮，切成小块。蜜枣去核。
❷ 将香蕉、蜜枣放入榨汁机，倒入豆浆，榨成汁即可。

材料 香蕉150克
牛奶300毫升
蜂蜜25克

蜂蜜香蕉奶昔

做法

1. 洗净的香蕉剥去果皮，把果肉切成小块，备用。
2. 取榨汁机，选择搅拌刀座组合，倒入香蕉。
3. 注入牛奶，倒入蜂蜜，盖上盖。
4. 选择“榨汁”功能，榨取汁水。
5. 断电后倒出汁水，装入碗中即可。

双瓜西芹蜂蜜汁

材料 黄瓜130克
苦瓜180克
西芹50克
蜂蜜15克

做法

❶ 洗净的黄瓜、西芹切成丁；洗净的苦瓜去子，切成丁。

❷ 苦瓜、西芹入沸水锅煮至断生。

❸ 取榨汁机，选择搅拌刀座组合，倒入苦瓜、西芹、黄瓜。

❹ 放入适量矿泉水，盖上盖，榨取蔬菜汁。

❺ 揭开盖子，加入适量蜂蜜，盖上盖。

❻ 选择“榨汁”功能，搅拌均匀即可。

材料 黄柿子椒1个
芒果1个
柠檬1/8个
熟黑芝麻少许

黄柿子椒芒果汁

做法

1. 洗净的黄柿子椒切开，去子，再切成小块。芒果用十字花刀切取小块果肉。柠檬挤出汁。
2. 将黄柿子椒、芒果放入榨汁机，倒入水、柠檬汁，榨成汁后倒入杯中，撒上熟黑芝麻即可。

蓝莓腰果酸奶

材料 蓝莓100克
腰果3个
原味酸奶1盒
蜂蜜1小勺

做法

1. 将蓝莓洗净。
2. 将蓝莓放入榨汁机，倒入原味酸奶，放入腰果，榨成汁后倒入杯中，淋上蜂蜜即可。

胡萝卜汁

材料 胡萝卜70克

做法

❶把洗净的胡萝卜切开，切细条形，改切成小丁块，备用。

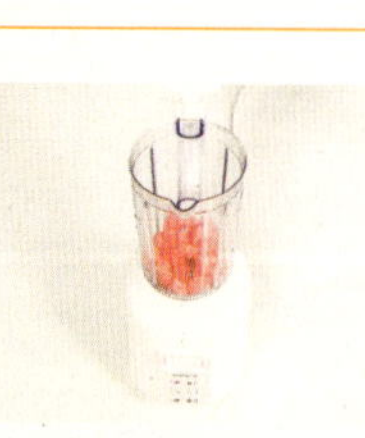

❷取榨汁机，选择搅拌刀座组合，倒入胡萝卜丁。

❸注入少许温开水，盖上盖。

❹选择“榨汁”功能，榨成汁。

❺锅置火上，倒入胡萝卜汁。

❻烧开后小火煮3分钟，倒入杯中即可。

材料 雪梨200克
柠檬70克
蜂蜜15克

美味雪梨柠檬汁

做法

1. 洗净的雪梨取肉切小块；柠檬洗净切小块。
2. 取榨汁机，选择搅拌刀座组合，把切好的水果放入搅拌杯中。
3. 加适量矿泉水，盖上盖，选择“榨汁”功能，榨出果汁。
4. 揭盖，加入蜂蜜，盖上盖，再搅拌一会儿。
5. 揭开盖，把榨好的果汁倒入杯中即可。

材料 柠檬1/4个
苹果1个
薄荷8克
西芹1段

香酸苹果亮眼饮

做法

1. 将苹果、薄荷、西芹、柠檬洗净；将苹果去皮、去核，切块；西芹切小段。
2. 将所有材料放入榨汁机中打成汁即可。

材料 包菜100克
火龙果200克
蜂蜜30克

火龙果包菜饮

做法

1. 洗净的包菜切块；火龙果去皮，切块。
2. 榨汁机中倒入火龙果块和包菜块，注入80毫升凉开水。
3. 盖上盖，榨约40秒成蔬果汁。
4. 静止榨汁机，将榨好的蔬果汁倒入杯中，淋上蜂蜜即可。

牛奶草莓汁

材料 蜂蜜1小勺
牛奶100毫升
草莓3个

做法

1. 草莓洗净后去蒂，对半切开。
2. 将草莓放入榨汁机，倒入牛奶，榨成汁后倒入杯中，淋上蜂蜜即可。

青苹果白菜汁

材料 青苹果1个
大白菜100克
柠檬1个

做法

1. 青苹果洗净，切块；大白菜叶洗净，卷成卷；柠檬洗净，连皮切成3块。
2. 将柠檬、大白菜、青苹果顺序交错地放入榨汁机中榨汁。
3. 将果菜汁倒入杯中即可。

黄瓜西芹苦瓜汁

材料 黄瓜1/2条
苦瓜1/3条
西芹1片
蜂蜜适量
柠檬汁适量

做法

1. 黄瓜洗净，去皮，切块；西芹洗净，切块；苦瓜洗净，去子，切块。
2. 将所有材料放入榨汁机中榨成汁即可。

材料 苹果135克
菠萝肉80克
姜块少许

鲜姜菠萝苹果汁

做法

1. 去皮洗净的姜块切粗丝；洗净的苹果取果肉，切小块；菠萝肉切丁。
2. 取备好的榨汁机，选择搅拌刀座组合，倒入苹果、菠萝肉、姜丝，注入适量纯净水。
3. 盖上盖，选择“榨汁”功能，榨出果汁。
4. 断电后倒出果汁，滤入杯中即可。

桂香苹果汁

材料 肉桂粉少许
苹果1个
香蕉1/2个

做法

1. 苹果洗净，去核，连皮一起切成小块。香蕉去皮，切成小块。
2. 将苹果、香蕉放入榨汁机，倒入水，榨成汁后倒入杯中，撒上肉桂粉即可。

葡萄生菜梨子汁

材料 葡萄150克
生菜50克
梨子100克
柠檬半个
冰块少许

做法

1. 葡萄、生菜充分洗净；梨子去皮、核，切块；柠檬洗净，切片。
2. 将葡萄用生菜包裹，与梨子同放入榨汁机中榨汁。
3. 将柠檬放入榨汁机中榨汁调味，加少许冰块即可。

芋头苹果酸奶

材料 芋头200克
苹果200克
酸奶150毫升

做法

❶ 芋头洗净，削皮，切块；苹果洗净，去皮，切成块。
❷ 将所以材料放入搅拌机内搅打均匀即可。

芦笋西红柿鲜奶汁

材料 芦笋60克　西红柿130克
牛奶80毫升

做法

❶ 洗净的芦笋切成段；洗好的西红柿切成小块，备用。

❷ 取榨汁机，选择搅拌刀座组合，倒入芦笋、西红柿、适量矿泉水。

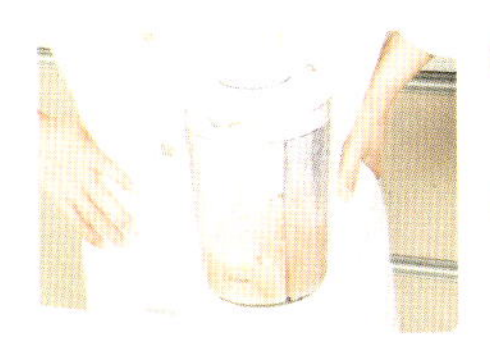

❸ 盖上盖，选择“榨汁”功能，榨取蔬菜汁。

❹ 揭盖，倒入牛奶，盖上盖，再次选择“榨汁”功能，搅拌均匀即可。

消除水肿

材料 白菜叶3片
芦笋2根
橙子1/2个

白菜芦笋橙汁

做法

1. 白菜叶切成小块。芦笋削去老皮，切成小段。橙子去皮，切成小块。
2. 白菜、芦笋分别放入沸水中焯至断生，捞出沥干。
3. 将所有食材放入榨汁机中，榨成汁即可。

清爽绿果汁

材料 绿柿子椒1/4个
马奶葡萄60克
小青柠檬半个
猕猴桃1个

做法

1. 猕猴桃去皮，切成小块。绿柿子椒去子，切成小块。青柠檬挤出汁。
2. 将猕猴桃、马奶葡萄、绿柿子椒放入榨汁机中，倒入青柠檬汁，榨成汁，倒入杯中即可。

材料 蓝莓200克
酸奶200毫升
冰糖适量

蓝莓雪乳

做法

1. 蓝莓洗净，对半切开。
2. 蓝莓、酸奶放入搅拌机中，搅打均匀。
3. 最后加入冰糖，搅拌均匀即可。

材料 草莓5颗
石榴1个
菠萝300克

草莓石榴菠萝汁

做法

1. 草莓洗净，取肉；石榴取肉；菠萝取肉，切块，留一部分。
2. 将草莓、石榴、部分菠萝榨汁，倒入杯中，再加入剩下的菠萝肉即可。

材料 莴笋50克
莴笋叶1片
哈密瓜100克
小青柠檬半个

哈密瓜莴笋汁

做法

1. 莴笋去皮，切成小块。莴笋叶用手撕成小片。哈密瓜去瓤和子，挖出果肉。青柠檬挤出汁。
2. 将所有食材放入榨汁机，榨成汁后倒入杯中即可。

材料 西瓜400克
芦荟肉50克
盐少许

西瓜芦荟汁

做法

1. 西瓜洗净，取肉。
2. 将西瓜肉放入榨汁机中榨汁。
3. 西瓜汁倒入杯中，加上少许盐，再加入芦荟肉拌匀即可

玫瑰黄瓜饮

材料 黄瓜300克
西瓜350克
干玫瑰花50克
柠檬半个
蜂蜜少许

做法

1. 西瓜去皮、去子，切块；黄瓜去皮、瓤，切块；干玫瑰花洗净。
2. 将西瓜、黄瓜、干玫瑰花捣碎，再加入凉开水，放入果汁机中搅打成汁。
3. 去渣取汁，再与单独榨好的柠檬汁搅拌均匀即可。

材料 小黄瓜2条
苹果半个
柠檬1/3个

小黄瓜苹果汁

做法

1. 小黄瓜洗净，切成丁；苹果洗净，去子，去核，切成丁。
2. 将所有材料放入搅拌机内，搅打2分钟左右，即可倒入杯中饮用。

冬瓜
苹果汁
小黄瓜
蜜饮

冬瓜苹果汁

材料 冬瓜150克
苹果80克
柠檬30克
冰糖少许

做法

1. 冬瓜去皮，去子，切成小块；苹果带皮去核，切成小块；柠檬洗净，切片。
2. 将所有材料放入搅拌机内，搅打成汁。

小黄瓜蜜饮

材料 小黄瓜100克
蜂蜜适量

做法

1. 小黄瓜切丝，入沸水中焯水。
2. 将黄瓜丝及适量凉开水放入搅拌机中搅拌成汁，加入蜂蜜，拌匀即可。

柑橘生姜苏打汁

材料 橙子1个
柠檬1/4个
圣女果4个
姜末少许
苏打水1/2杯

做法

1. 橙子去皮，切成小块；圣女果对半切开。柠檬挤出汁。
2. 将橙子、圣女果、姜末放入榨汁机中，榨成汁后倒入杯中，再倒入苏打水即可。

材料 无子西瓜1/4个
草莓4个
柠檬1/8个

活力西瓜草莓汁

做法

1. 用挖勺挖出西瓜肉。草莓去蒂，对半切开。柠檬挤出汁。
2. 将西瓜肉、草莓放入榨汁机，再倒入柠檬汁，榨成汁即可。

百香果菠萝汁

材料 菠萝1/2个
百香果1个
蜂蜜2小勺

做法

1. 百香果切开，用小勺挖取果肉及果汁。菠萝去皮，切成小块。
2. 将菠萝放入榨汁机中，倒入百香果果肉及果汁，榨成汁后倒入杯中，最后淋上蜂蜜即可。

金橘柠檬苦瓜汁

材料 金橘200克
苦瓜120克
柠檬片适量
食粉适量

做法

❶ 沸水中撒食粉，放入洗净的苦瓜煮半分钟，捞出放凉，去子，切丁；金橘洗净，连皮切块。

❷ 取榨汁机，倒入苦瓜、金橘，加水榨取蔬果汁，放入柠檬片继续榨汁，拌匀，装入杯中即成。

清热下火

莲雾西瓜汁

材料 莲雾1个
西瓜300克
蜂蜜适量

做法

1. 莲雾洗干净，切成小块。
2. 西瓜取瓜肉，切成块。
3. 将莲雾与西瓜放入榨汁机中榨出汁液，再加蜂蜜搅拌均匀即可。

材料 芒果2个
柠檬半个
蜂蜜少许

芒果柠檬汁

做法

1. 芒果去皮、子，切成小块；柠檬洗干净，切片。
2. 将所有材料放入搅拌机内搅匀即可。

材料 莲藕100克
马蹄3个
薄荷叶2片

清凉莲藕马蹄汁

做法

1. 莲藕去皮，切成薄片，再下入沸水中焯至断生，捞出沥干。马蹄削皮，切成小块。
2. 将莲藕、马蹄、薄荷叶放入榨汁机，倒入水，榨成汁即可。

材料 苦瓜30克
菠萝100克
蜂蜜2小勺
冰块3～4块

苦瓜菠萝汁

做法

1. 苦瓜纵向对半切开，用勺子挖除瓤和子，切成小块。菠萝去皮，切成小块。
2. 将苦瓜、菠萝放入榨汁机，倒入蜂蜜，放入冰块，榨成汁即可。

材料 芒果1个
人参果1个

芒果人参果汁

做法

1. 芒果、人参果均洗净，去皮、子，切块。
2. 将芒果、人参果一起放入榨汁机中，加入冷开水，榨成汁即可。

材料 菠菜40克
樱桃5粒
蜂蜜适量

菠菜樱桃汁

做法

1. 菠菜洗净，折成小段，焯烫后捞起，备用；樱桃洗净，对切，去子。
2. 将菠菜、樱桃与蜂蜜倒入搅拌机中，加350毫升凉开水，搅打成汁后倒入杯中，加入冰块即可。

甜柿子
胡萝卜汁
蜜枣
桂圆汁

蜜枣桂圆汁

材料 桂圆30克
枸杞10克
胡萝卜20克
蜜枣2粒
砂糖适量

做法

1. 桂圆、枸杞洗净；胡萝卜去皮后切丝；蜜枣洗净，去子。
2. 将所有材料入锅，加水，煮熟，再榨汁加入砂糖即可。

甜柿子胡萝卜汁

材料 甜柿子1个
柠檬1个
胡萝卜60克
果糖适量

做法

1. 甜柿子、胡萝卜洗净，去皮，切小块；柠檬洗净，切片。
2. 将甜柿子、柠檬、胡萝卜加入榨汁机中榨汁，再将果糖加入果汁中，搅匀即可。

葡萄
芋头梨汁
西红柿
柠檬汁

葡萄芋头梨汁

材料 葡萄150克
芋头50克
梨子1个
柠檬1个

做法

1. 芋头煮熟，剥皮，切块；葡萄洗净，去皮、子；梨子去皮、核后切块；柠檬洗净，切片。
2. 将材料放入榨汁机榨汁，加冰块饮用。

西红柿柠檬汁

材料 西红柿220克
柠檬半个
盐少许

做法

1. 西红柿洗净，切块；柠檬切片，榨汁。
2. 将西红柿放入榨汁机中，加少许盐，榨汁后过滤出果汁，再加入柠檬汁，搅拌均匀即可。

材料 橘子1个
菠萝50克
陈皮2克

橘子菠萝陈皮汁

做法

1. 橘子去皮，掰开成瓣；菠萝去皮，洗净，切块；陈皮泡发洗净，切条。
2. 将所有材料放入榨汁机中一起搅打成汁，滤出果肉即可。

材料 西瓜200克
苹果2个
生姜2片

西瓜苹果姜汁

做法

1. 西瓜洗净，挖出果肉；苹果洗净，去皮，切块；生姜洗净，去皮，切细粒。
2. 将以上原材料均放入榨汁机中榨汁。

材料 西瓜200克
圣女果4个
薄荷叶适量

清凉西瓜薄荷汁

做法

1. 将西瓜洗净，去皮、去子，切块；薄荷叶洗净；圣女果洗净，切成小块。
2. 把西瓜与圣女果、薄荷叶同榨汁即可。

材料 白萝卜1/2根
姜30克
冰糖适量

白萝卜姜汁

做法

1. 白萝卜洗净，去皮，切块。
2. 姜洗净，去皮，切碎。
3. 将白萝卜、姜、冰糖放入榨汁机中榨汁，最后倒入杯中即可。

材料 紫苏50克
菠萝30克
梅汁15毫升
蜂蜜2汤匙

紫苏菠萝酸蜜汁

做法

1. 紫苏洗净；菠萝去外皮，洗干净，切成小块。
2. 将所有材料倒入榨汁机中，加水榨汁即可。

材料 芒果2个
茭白100克
鲜奶200毫升

芒果茭白牛奶

做法

❶ 芒果洗净，取肉，切块；茭白洗净；柠檬洗净，取肉，切块。

❷ 把所有材料放入搅拌机内，搅打成汁即可。

洋葱苹果汁

材料 洋葱1个
苹果1/2个
蜂蜜2小勺

做法

1. 洋葱切小块。苹果去核，连皮一起切成小块。
2. 将洋葱、苹果放入榨汁机，倒入水、蜂蜜，榨成汁即可。

材料 牛油果1/2个
猕猴桃1个
芒果1个
核桃仁2个

牛油果芒果汁

做法

❶ 牛油果去皮，切成小块。猕猴桃去皮，切成小块。芒果用十字花刀切取小块果肉。

❷ 将牛油果、猕猴桃、芒果、核桃仁放入榨汁机，倒入水，榨成汁即可。

材料 南瓜100克
柳橙1/2个

南瓜柳橙汁

做法

1. 南瓜洗净，去皮、去子，然后切小块，蒸熟。
2. 柳橙洗净去皮，切成小块。
3. 南瓜、柳橙倒入榨汁机中榨成汁，最后倒入杯中即可饮用。

材料 柳橙1个
玉米粒200克
柠檬2个

柳橙玉米汁

做法

1. 柳橙取肉切块；玉米粒洗净；柠檬洗净，去皮，切片。
2. 将所有原料放入榨汁机中榨汁，再倒入杯中，即可饮用。

材料 南瓜80克
玉米粒80克
豆浆100毫升
肉桂粉少许

南瓜玉米浓汁

做法

1. 南瓜去皮，切成小块，和玉米粒一起下入沸水中煮至断生，捞出沥干。
2. 将南瓜和玉米粒放入榨汁机中，倒入豆浆，榨成汁后倒入杯中，最后撒上肉桂粉即可。